◐◑ 知識繪本館

科學不思議 尾巴大調查

作者｜犬塚則久
繪者｜大島裕子
譯者｜張東君

責任編輯｜張玉蓉
特約編輯｜蔡珮瑤
美術設計｜林晴子
行銷企劃｜陳詩茵、劉盈萱

天下雜誌群創辦人｜殷允芃　董事長兼執行長｜何琦瑜
媒體暨產品事業群
總經理｜游玉雪　副總經理｜林彥傑
總編輯｜林欣靜　行銷總監｜林育菁
主編｜楊琇珊
版權主任｜何晨瑋、黃微真

出版者｜親子天下股份有限公司
地址｜臺北市 104 建國北路一段 96 號 4 樓
電話｜（02）2509-2800　傳真｜（02）2509-2462
網址｜www.parenting.com.tw
讀者服務專線｜（02）2662-0332　週一～週五 09:00-17:30
讀者服務傳真｜（02）2662-6048
客服信箱｜parenting@cw.com.tw
法律顧問｜台英國際商務法律事務所・羅明通律師
製版印刷｜中原造像股份有限公司
總經銷｜大和圖書有限公司　電話（02）8990-2588

出版日期｜2019 年 1 月第一版第一次印行
　　　　　2024 年 6 月第一版第八次印行
定價｜320 元
書號｜BKKKC111P
ISBN｜978-957-503-261-6（精裝）

OUR TAILS FROM FISH TO MAN by Norihisa Inuzuka and Hiroko Oshima
Text © Norihisa Inuzuka 2015
Illustrations © Hiroko Oshima 2015
Originally published by Fukuinkan Shoten Publishers, Inc., Tokyo, Japan, in 2015
under the title of "SHIPPOGANAI!"
The Complex Chinese languge rights arranged with Fukuinkan Shoten Publishers, Inc.,Tokyo
All rights reserved.

訂購服務
親子天下 Shopping｜shopping.parenting.com.tw
海外・大量訂購｜parenting@cw.com.tw
書香花園｜臺北市建國北路二段 6 巷 11 號　電話（02）2506-1635
劃撥帳號｜50331356 親子天下股份有限公司

科學不思議

尾巴大調查

文／犬塚則久　圖／大島裕子　譯／張東君

陸上學校

陸ㄌㄨˋ上ㄕㄤˋ學ㄒㄩㄝˊ校ㄒㄧㄠˋ今ㄐㄧㄣ天ㄊㄧㄢ開ㄎㄞ學ㄒㄩㄝˊ了ㄌㄜ。 犬ㄑㄩㄢˇ山ㄕㄢ先ㄒㄧㄢ生ㄕㄥ是ㄕˋ學ㄒㄩㄝˊ校ㄒㄧㄠˋ裡ㄌㄧˇ唯ㄨㄟˊ一ㄧ的ㄉㄜ老ㄌㄠˇ師ㄕ。「各ㄍㄜˋ位ㄨㄟˋ同ㄊㄨㄥˊ學ㄒㄩㄝˊ， 這ㄓㄜˋ間ㄐㄧㄢ教ㄐㄧㄠˋ室ㄕˋ裡ㄌㄧˇ面ㄇㄧㄢˋ的ㄉㄜ所ㄙㄨㄛˇ有ㄧㄡˇ學ㄒㄩㄝˊ生ㄕㄥ都ㄉㄡ有ㄧㄡˇ一ㄧ個ㄍㄜˋ很ㄏㄣˇ大ㄉㄚˋ的ㄉㄜ共ㄍㄨㄥˋ通ㄊㄨㄥ點ㄉㄧㄢˇ。 你ㄋㄧˇ們ㄇㄣ說ㄕㄨㄛ說ㄕㄨㄛ看ㄎㄢˋ， 是ㄕˋ什ㄕㄣˊ麼ㄇㄜ呢ㄋㄜ？ 」是ㄕˋ都ㄉㄡ有ㄧㄡˇ毛ㄇㄠˊ？ 都ㄉㄡ有ㄧㄡˇ眼ㄧㄢˇ睛ㄐㄧㄥ？ 還ㄏㄞˊ是ㄕˋ都ㄉㄡ有ㄧㄡˇ嘴ㄗㄨㄟˇ巴ㄅㄚ？ 大ㄉㄚˋ家ㄐㄧㄚ彼ㄅㄧˇ此ㄘˇ看ㄎㄢˋ來ㄌㄞˊ看ㄎㄢˋ去ㄑㄩˋ後ㄏㄡˋ， 輪ㄌㄨㄣˊ流ㄌㄧㄡˊ回ㄏㄨㄟˊ答ㄉㄚˊ老ㄌㄠˇ師ㄕ的ㄉㄜ問ㄨㄣˋ題ㄊㄧˊ。

　　犬ㄑㄩㄢˇ山ㄕㄢ老ㄌㄠˇ師ㄕ緩ㄏㄨㄢˇ緩ㄏㄨㄢˇ看ㄎㄢˋ了ㄌㄜ教ㄐㄧㄠˋ室ㄕˋ一ㄧ圈ㄑㄩㄢ。

　　「回ㄏㄨㄟˊ答ㄉㄚˊ『都ㄉㄡ有ㄧㄡˇ毛ㄇㄠˊ』的ㄉㄜ同ㄊㄨㄥˊ學ㄒㄩㄝˊ， 很ㄏㄣˇ遺ㄧˊ憾ㄏㄢˋ。 請ㄑㄧㄥˇ仔ㄗˇ細ㄒㄧˋ看ㄎㄢˋ一ㄧ看ㄎㄢˋ， 有ㄧㄡˇ些ㄒㄧㄝ同ㄊㄨㄥˊ學ㄒㄩㄝˊ沒ㄇㄟˊ有ㄧㄡˇ毛ㄇㄠˊ喔ㄛ。 回ㄏㄨㄟˊ答ㄉㄚˊ『都ㄉㄡ有ㄧㄡˇ嘴ㄗㄨㄟˇ巴ㄅㄚ或ㄏㄨㄛˋ眼ㄧㄢˇ睛ㄐㄧㄥ』的ㄉㄜ，才ㄘㄞˊ是ㄕˋ正ㄓㄥˋ確ㄑㄩㄝˋ答ㄉㄚˊ案ㄢˋ。 但ㄉㄢˋ是ㄕˋ，還ㄏㄞˊ有ㄧㄡˇ更ㄍㄥˋ重ㄓㄨㄥˋ要ㄧㄠˋ的ㄉㄜ共ㄍㄨㄥˋ通ㄊㄨㄥ點ㄉㄧㄢˇ呢ㄋㄜ，那ㄋㄚˋ就ㄐㄧㄡˋ是ㄕˋ—— 不ㄅㄨˋ論ㄌㄨㄣˋ是ㄕˋ哪ㄋㄚˇ位ㄨㄟˋ同ㄊㄨㄥˊ學ㄒㄩㄝˊ， 身ㄕㄣ體ㄊㄧˇ裡ㄌㄧˇ都ㄉㄡ有ㄧㄡˇ骨ㄍㄨˇ頭ㄊㄡˊ。」犬ㄑㄩㄢˇ山ㄕㄢ老ㄌㄠˇ師ㄕ說ㄕㄨㄛ完ㄨㄢˊ， 把ㄅㄚˇ準ㄓㄨㄣˇ備ㄅㄟˋ好ㄏㄠˇ的ㄉㄜ講ㄐㄧㄤˇ義ㄧˋ發ㄈㄚ給ㄍㄟˇ大ㄉㄚˋ家ㄐㄧㄚ。

有骨頭的動物　３大特徵

特徵 **①** 有尾巴

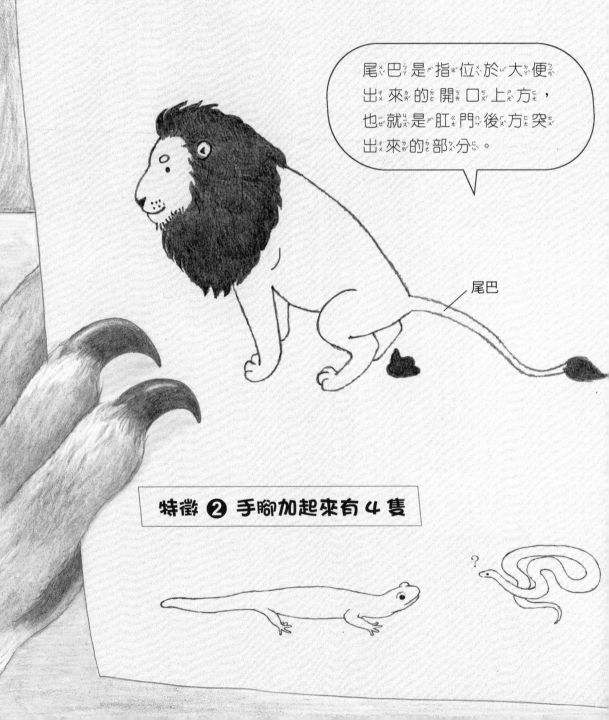

尾巴是指位於大便出來的開口上方，也就是肛門後方突出來的部分。

尾巴

特徵 **②** 手腳加起來有４隻

特徵 ❸ 身體裡面流著紅色的血

沒有骨頭的動物，身體裡多半流著帶點藍色且透明的血。

有骨頭的動物→例如正在教室裡面的各位
沒有骨頭的動物則有↓

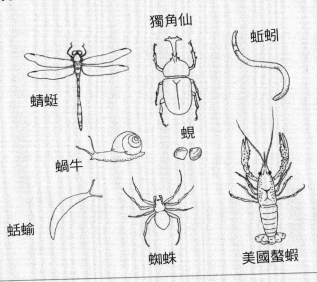

蜻蜓

獨角仙

蚯蚓

蜆

蝸牛

蛞蝓

蜘蛛

美國螯蝦

動物分成有骨頭，跟沒有骨頭兩種。骨頭是指位於身體內部、堅硬的組織，負責支撐身體。沒有骨頭的動物，又可分成身體外面有堅硬構造，以及身體沒有堅硬構造兩類。

犬山老師說明完講義內容後，袋入同學（無尾熊）舉起手來：「老師，我沒有尾巴。我只摸到像鉛筆芯那樣，稍微尖尖的東西而已。」

　　足立同學（人類）也邊說邊站了起來：「我也沒有尾巴，為什麼呢？」犬山老師稍微思考了一下：「老師也不知道為什麼。不過，各種生物，都會有很多的例外」。

　　雖然做了這樣的回應，老師自己好像也不怎麼滿意。全班同學都很擔心的盯著兩位沒有尾巴的同學屁股看。「袋入同學、足立同學，請你們幫個忙，一起來調查吧！」

　　犬山老師這樣說。

腹部

「為什麼在有骨頭的動物中，會出現沒有尾巴的物種？」這個有關尾巴的問題，成為袋入同學、足立同學，以及犬山老師要挑戰的課題。對犬山老師來說，這是個從來沒有想過的問題。不論在教科書裡或是圖鑑中，都找不到答案。

一星期後的某個早上， 當犬山老師抵達學校時， 已經有許多動物在教室前面等著了。 因為陸上鎮是一個很小的地方， 關於尾巴的那堂課， 在小鎮已經傳開， 成為話題了。 許多動物都很想知道：「 為什麼自己沒有尾巴？ 」 馬來貘、 懶猴、 黑猩猩、 二趾樹懶、 長臂猿、 天竺鼠、 針鼴、 水豚、 金剛猩猩……鎮上沒有尾巴或尾巴非常短的動物， 全都聚集到這裡了。

　　「哎呀哎呀， 這樣一來， 可就不能說沒有尾巴是例外了呢！ 」 犬山老師說。

地上、地下、樹上、空中……，聚集過來的動物們，棲息地五花八門。似乎在各種棲息地，都有沒有尾巴或尾巴很短的動物。於是犬山老師就從這些動物中先篩出住在樹上，再挑選體型大小或外型很像，卻分別是短尾巴和長尾巴的動物。然後再一組一組調查牠們的生活型態和尾巴長短是不是有關。

首先要選出和懶猴同一組的動物。犬山老師思考很久以後，終於從體格相像、類別相同的懶猴類中，選出了嬰猴。雖然在樹上生活的動物很多，但要找出屬於同一類群、體型大小相像，只差在尾巴長短不同的動物，卻很困難。

例如，要比較袋入同學（無尾熊），以及屬於同類但尾巴很長的袋鼠就很困難。袋鼠的體型比無尾熊大非常多，牠在地面上生活，用長長的後腳跳來跳去。無尾熊則是像小布偶，有著圓圓的身體，在樹上生活，用指頭握著樹幹緩慢的移動。兩種動物都屬於有袋一族，但是當體型大小、棲息場所、運動方式都差這麼多的時候，就會搞不清楚哪個因素跟無尾熊尾巴不見了有關聯。為了便於比較，就得在同一族中，找尋體型大小相近，而且同樣是在樹上生活的動物。

懶猴

嬰猴

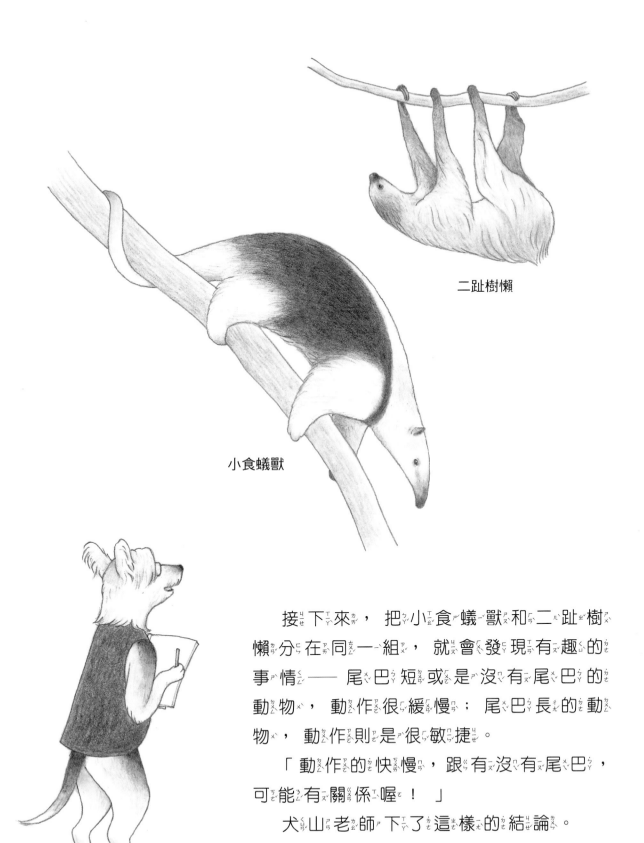

二趾樹懶

小食蟻獸

接下來，把小食蟻獸和二趾樹懶分在同一組，就會發現有趣的事情——尾巴短或是沒有尾巴的動物，動作很緩慢；尾巴長的動物，動作則是很敏捷。

「動作的快慢，跟有沒有尾巴，可能有關係喔！」

犬山老師下了這樣的結論。

但是， 沒辦法用同樣方式下結論的動物組合，卻愈來愈多。

　　例如想在同類中， 找出能與長臂猿、 光面狐猴及無尾熊相互比較的長尾巴動物時， 就會發現長臂猿與蜘蛛猴、 光面狐猴和白背跳狐猴， 都是不管尾巴是長是短， 統統很敏捷； 無尾熊和袋貂則是無論尾巴長或短， 動作都很緩慢。

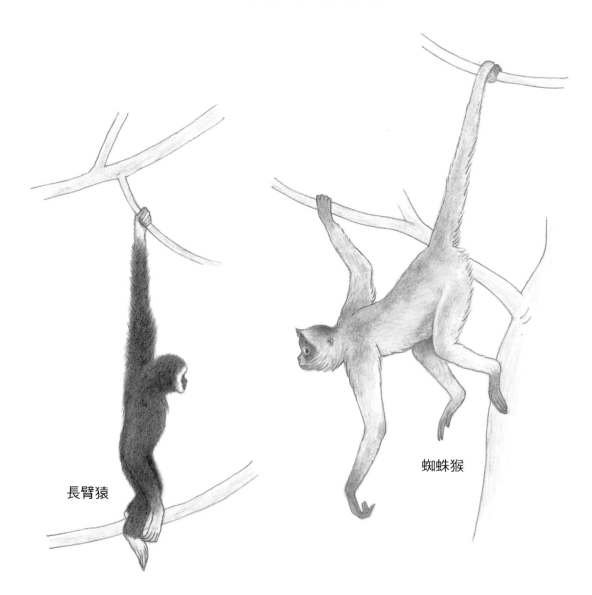

長臂猿

蜘蛛猴

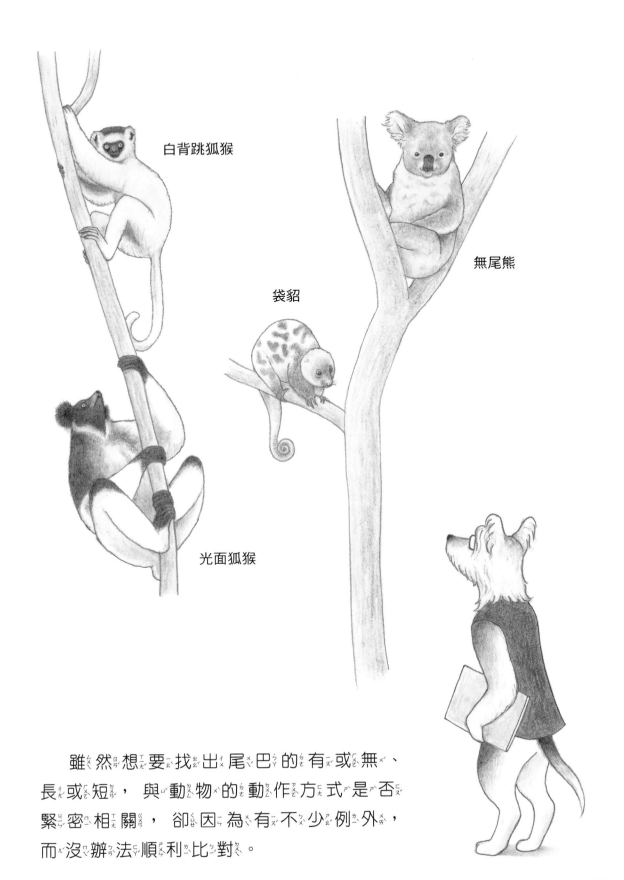

白背跳狐猴

無尾熊

袋貂

光面狐猴

　雖然想要找出尾巴的有或無、長或短，與動物的動作方式是否緊密相關，卻因為有不少例外，而沒辦法順利比對。

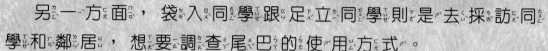

另一方面，袋入同學跟足立同學則是去採訪同學和鄰居，想要調查尾巴的使用方式。

鱗尾松鼠

蜘蛛猴

尾巴的工作 ❷
【止滑】

鱗尾松鼠的尾巴上長著鱗片。爬樹的時候尾巴會朝下，用尖銳的鱗片刺進樹幹，幫助自己止滑。

尾巴的工作 ❶
【另一隻手】

蜘蛛猴、蜜熊、負鼠、小食蟻獸等在樹上生活、擅長爬樹的動物，可以將尾巴的前端捲起來，像手一樣的握住樹枝。牠們的尾巴尖端沒有毛，卻有像指紋般的止滑紋路。

飛鼠

尾巴的工作 ❹【飛膜的支撐】

蝙蝠、飛鼠、鼯猴等能在空中飛行，或像滑翔機般滑行的動物，是利用皮膚展開的膜來滑翔。而尾巴也就成為飛膜的支撐之一。鼯猴的尾巴更能上下動作，拍動後方的膜。

尾巴的工作 ❸【標記】

環尾狐猴是白天在地面上成群活動的猴類。「環尾」取自尾巴上有一圈圈黑白相間的環。牠們成群移動的時候，會把醒目的尾巴舉得直直的，讓同伴不會走丟。

尾巴的工作 ❺【尾翼】

鳥的尾巴很小，從身體外型來看並不顯眼。尾巴前端長著許多長長的尾羽。尾羽展開可以改變空氣的流動，讓飛行往左或往右。想停在樹枝上時，尾翼也扮演煞車的角色。

鴿子

環尾狐猴

河馬

河狸

鱷魚

尾巴的工作 6
【宣示領域、路標、威嚇】

河馬的尾巴並不長，只能蓋住肛門，但在牠們的「甩糞」行為中，卻扮演著重要角色。牠們會邊排便邊甩動尾巴，盡量把大便拋到很遠的地方。這是為了用氣味來宣示領域、標示路徑和威赫敵人。

河馬

尾巴的工作 7【武器】

巨蜥或鱷魚這類尾巴很大的爬蟲類是以尾巴當做武器。早已絕種的雷龍（有像鞭子的長尾巴）、甲龍（尾巴前端有大塊骨頭，很像棍棒）等恐龍，同樣也會利用尾巴當武器。

尾巴的工作 ⑧【舵與警報】

擅長游泳的河狸，尾巴像是扁平的船槳。但那並不是用來划水，而是扮演著舵的角色，在游泳時用來改變方向。此外，河狸也會用尾巴拍打水面，通知同伴有危險逼近。

尾巴的工作 ⑨【支撐身體】

變色龍具有把舌頭彈出去捕蟲的技能，但牠的舌頭跟身體差不多長、前端又黏又重，如果尾巴沒有好好握住樹枝的話，當牠伸出舌頭的時候，身體就會失去平衡。所以牠會將尾巴朝下捲三圈，纏繞在樹枝上，阻止後腳浮起來。

變色龍

馬

狗

尾巴的工作 ⑩【情感表現】

狗把尾巴垂下來夾在腳之間的時候，表示投降。牠們尾巴所扮演的角色，就像人類的表情或言語一樣。

尾巴的工作 ⑪【支柱】

水獺或狐獴這類小型動物，經常站著監視四周。當使用後腳站立時，尾巴也會一起加入，就像是有三隻腳支撐著全身。

水獺

狐獴

尾巴的工作 ⑫【驅蟲】

大象或馬等大型動物，由於身體很重，四肢光是用來支撐身體或是跑步，就已經很忙了。於是長著毛的尾巴，就會負責趕走蒼蠅或虻等小蟲子。

17

狐狸

尾巴的工作 ⑬【保溫】

松鼠、睡鼠或狐狸，這類身體不大的動物，體溫比較容易下降。蓬鬆、粗大的尾巴，可以讓牠們在睡覺時當做溫暖的被子蓋。

馬

脂尾羊

尾巴的工作 ⑭
【脂肪儲藏庫】

有一種綿羊叫做脂尾羊，會把脂肪儲存在尾部，例如生活在中國內蒙古自治區的烏珠穆沁羊。為了抵禦嚴酷的寒冷，因此需要儲存大量的脂肪在尾巴。

睡鼠

南非地松鼠

尾巴的工作 ⓯【遮陽傘】

分布於南非的南非地松鼠，尾巴有著長長的毛。在日照強烈的沙漠中，會將尾巴舉到背上，幫自己遮蔭。

老鼠

尾巴的工作 ⓰【監視】

像老鼠這樣的小動物，總是被大型動物虎視眈眈的盯著。細長的尾巴就像是雷達一般的監視著後方，防止貓咪從後方攻擊。

尾巴的工作 ⓱【防禦】

橡皮蟒的尾巴長得跟頭部非常像。當牠的身體捲成一團時，會把尾巴高高豎起，擺在看起來是頭部的位置，用來欺騙敵人，保護重要的頭部。

橡皮蟒

尾巴的工作⓲
【轉彎時維持平衡】

陸地上奔跑速度最快的獵豹，擁有又粗又長的尾巴。這種尾巴可以當做重錘，讓牠們能在不降速的狀態下轉彎並取得平衡。

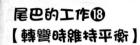

獵豹

袋鼠

尾巴的工作⓳【跳躍時保持平衡】

袋鼠平時是以尾巴和兩隻後腳的三點站立來支撐身體。跳躍時，沉重的尾巴可當成重錘來保持身體平衡。仔細觀察袋鼠跳躍，會發現牠們擺動尾巴和後腳是一樣的節奏，這樣身體才能保持平衡。

尾巴的工作⓴【威嚇】

響尾蛇會迅速晃動尾巴的尖端，發出唰唰聲，宣告自己的位置。發出聲音的部位，則是蛻皮後尾巴頂端形成的響環。隨著蛻皮次數的增加，響環的數目會跟著增加，唰唰聲也會變得愈來愈大。

響尾蛇

雖然都叫做「尾巴」，但是陸上鎮的動物們，尾巴能做的事也是五花八門。看過各種動物的生活之後，就能夠知道每一種尾巴的形狀，都跟它們負責的工作搭配得很好。

豹

尾巴的工作 ㉑
【爬樹時保持平衡】

像豹這種會爬樹的大型貓科動物，為了維持身體平衡，會以粗大的尾巴當重錘。

尾巴之謎愈來愈深，季節也從春天變成了夏天。學校開始放暑假，而尾巴的問題也就成為暑假作業。這天袋入同學和足立同學來到海水浴場，聽到朋友海獅小耳說了關於尾巴、出乎意料的事。

　　袋入同學從海獅小耳家的陽台打電話給犬山老師：

　　「犬山老師，您聽我說，海洋動物的尾巴，只負責一項工作，那就是——只會把水推到身體後方，讓身體往前進，所以只是『為了游泳』而已。而海洋動物們的尾巴長短，是依照『需要游泳多久』而決定的！」

大翅鯨

海牛

海豚

海獅

尾巴的工作 ㉒
【在水中推進】

鯨魚、海豚、儒艮、海牛等，尾巴的前端是鰭的形狀，而游泳時則是整條尾巴會上下拍動。

「鯨魚、海豚、儒艮和海牛，使用又大又長的尾巴游泳。而海獅、斯氏海獅和紐西蘭海狗，則是用由手演化而成的鰭腳游泳；海豹和海象，會將身體兩側的後鰭腳，如同魚的尾鰭般，左右橫向擺動游泳。這些動物們的尾巴，在游泳時幾乎不會被用到，所以都非常短小。」

對於這個事實，犬山老師也大為吃驚。「在海洋裡，也許可以找到尾巴問題的線索呢。你去問問相模長老（皺鰓鯊），萬年長老（革龜）會帶你去。」

海象

海豹

革龜

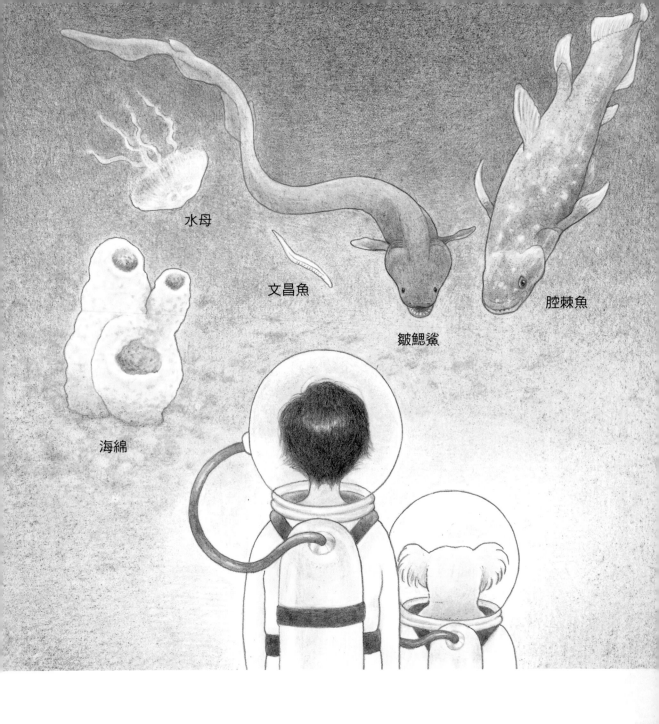

水母

文昌魚

皺鰓鯊

腔棘魚

海綿

　　袋入同學和足立同學抵達深海底部，那是海洋長老們聚集的集會場所。尾巴的話題，成為海中鎮的新聞，長老們都聽說了這件事。然後，相模長老開始說話了。

相模長老
（皺鰓鯊）

「 是ㄕ袋ㄉㄞˋ入ㄖㄨˋ同ㄊㄨㄥˊ學ㄒㄩㄝˊ和ㄏㄢˋ足ㄗㄨˊ立ㄌㄧˋ同ㄊㄨㄥˊ學ㄒㄩㄝˊ嗎ㄇㄚ˙？ 真ㄓㄣ是ㄕ辛ㄒㄧㄣ苦ㄎㄨˇ你ㄋㄧˇ們ㄇㄣ˙了ㄌㄜ˙，為ㄨㄟˋ了ㄌㄜ˙探ㄊㄢˋ尋ㄒㄩㄣˊ尾ㄨㄟˇ巴ㄅㄚ之ㄓ謎ㄇㄧˊ而ㄦˊ來ㄌㄞˊ到ㄉㄠˋ這ㄓㄜˋ麼ㄇㄜ˙遠ㄩㄢˇ的ㄉㄜ˙地ㄉㄧˋ方ㄈㄤ。 思ㄙ考ㄎㄠˇ的ㄉㄜ˙方ㄈㄤ向ㄒㄧㄤˋ有ㄧㄡˇ好ㄏㄠˇ幾ㄐㄧˇ種ㄓㄨㄥˇ， 想ㄒㄧㄤˇ要ㄧㄠˋ解ㄐㄧㄝˇ開ㄎㄞ尾ㄨㄟˇ巴ㄅㄚ之ㄓ謎ㄇㄧˊ的ㄉㄜ˙話ㄏㄨㄚˋ， 得ㄉㄟˇ回ㄏㄨㄟˊ溯ㄙㄨˋ到ㄉㄠˋ５億ㄧˋ年ㄋㄧㄢˊ前ㄑㄧㄢˊ左ㄗㄨㄛˇ右ㄧㄡˋ才ㄘㄞˊ行ㄒㄧㄥˊ呢ㄋㄜ˙。 」

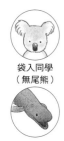

袋入同學
（無尾熊）

「 是ㄕˋ在ㄗㄞˋ恐ㄎㄨㄥˇ龍ㄌㄨㄥˊ出ㄔㄨ現ㄒㄧㄢˋ的ㄉㄜ˙時ㄕˊ候ㄏㄡˋ嗎ㄇㄚ˙？ 」

「 不ㄅㄨˋ不ㄅㄨˋ， 比ㄅㄧˇ恐ㄎㄨㄥˇ龍ㄌㄨㄥˊ出ㄔㄨ現ㄒㄧㄢˋ還ㄏㄞˊ要ㄧㄠˋ更ㄍㄥˋ古ㄍㄨˇ老ㄌㄠˇ的ㄉㄜ˙年ㄋㄧㄢˊ代ㄉㄞˋ。 在ㄗㄞˋ這ㄓㄜˋ裡ㄌㄧˇ的ㄉㄜ˙各ㄍㄜˋ位ㄨㄟˋ長ㄓㄤˇ老ㄌㄠˇ， 都ㄉㄡ是ㄕˋ從ㄘㄨㄥˊ當ㄉㄤ時ㄕˊ的ㄉㄜ˙老ㄌㄠˇ祖ㄗㄨˇ先ㄒㄧㄢ傳ㄔㄨㄢˊ下ㄒㄧㄚˋ來ㄌㄞˊ到ㄉㄠˋ現ㄒㄧㄢˋ在ㄗㄞˋ。 最ㄗㄨㄟˋ年ㄋㄧㄢˊ輕ㄑㄧㄥ的ㄉㄜ˙矛ㄇㄠˊ尾ㄨㄟˇ魚ㄩˊ長ㄓㄤˇ老ㄌㄠˇ（ 腔ㄑㄧㄤ棘ㄐㄧˊ魚ㄩˊ ） 也ㄧㄝˇ有ㄧㄡˇ３億ㄧˋ5000萬ㄨㄢˋ年ㄋㄧㄢˊ。 而ㄦˊ皺ㄓㄡˋ鰓ㄙㄞ鯊ㄕㄚ我ㄨㄛˇ， 從ㄘㄨㄥˊ３億ㄧˋ7000萬ㄨㄢˋ年ㄋㄧㄢˊ前ㄑㄧㄢˊ就ㄐㄧㄡˋ是ㄕˋ鯊ㄕㄚ魚ㄩˊ最ㄗㄨㄟˋ古ㄍㄨˇ早ㄗㄠˇ的ㄉㄜ˙同ㄊㄨㄥˊ類ㄌㄟˋ並ㄅㄧㄥˋ留ㄌㄧㄡˊ存ㄘㄨㄣˊ至ㄓˋ今ㄐㄧㄣ。 而ㄦˊ沒ㄇㄟˊ有ㄧㄡˇ頭ㄊㄡˊ的ㄉㄜ˙文ㄨㄣˊ昌ㄔㄤ魚ㄩˊ祖ㄗㄨˇ先ㄒㄧㄢ， 在ㄗㄞˋ５億ㄧˋ年ㄋㄧㄢˊ前ㄑㄧㄢˊ就ㄐㄧㄡˋ出ㄔㄨ現ㄒㄧㄢˋ了ㄌㄜ˙。 尾ㄨㄟˇ巴ㄅㄚ的ㄉㄜ˙形ㄒㄧㄥˊ成ㄔㄥˊ，比ㄅㄧˇ那ㄋㄚˋ還ㄏㄞˊ更ㄍㄥˋ早ㄗㄠˇ發ㄈㄚ生ㄕㄥ。 在ㄗㄞˋ很ㄏㄣˇ久ㄐㄧㄡˇ很ㄏㄣˇ久ㄐㄧㄡˇ以ㄧˇ前ㄑㄧㄢˊ的ㄉㄜ˙海ㄏㄞˇ裡ㄌㄧˇ…… 」

向相模長老請教！
尾巴成形的過程

① 接下來就使用黏土，說明尾巴形成的過程。

搓搓揉揉

喔～

② 請想像動物的身體最初都是一個非常小的球。

好圓啊！

③ 在球上戳一個可以吃東西的凹洞。

打洞囉！

噗嘶

④ 逐漸把洞擴大……

剖面圖

⑤ 變成茶杯的形狀。

吸吸

⑥ 「袋狀一門」的誕生！

食物　→　糞便

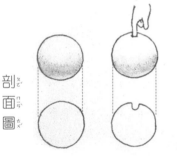

「袋狀一門」的子孫們

附著在海底的海葵

在海中漂蕩的水母

⑦ 接著，朝食物游泳的動物，身體就會朝前進的方向變得細長，然後分成……

劈呦

好像茶杯變成長玻璃杯的感覺。

咻嚕

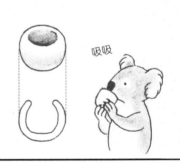

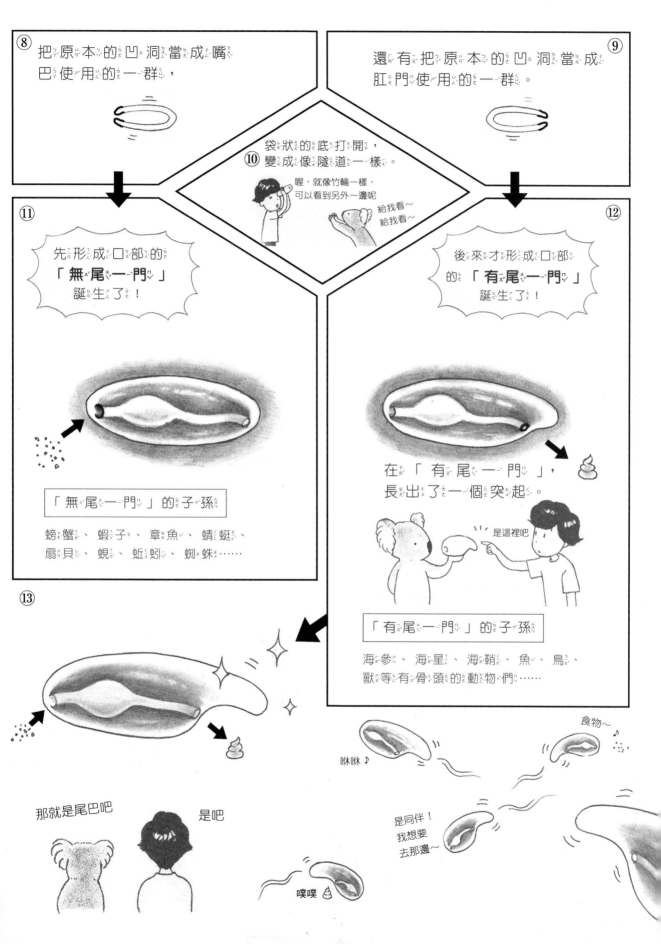

⑧ 把原本的凹洞當成嘴巴使用的一群，

⑨ 還有把原本的凹洞當成肛門使用的一群。

⑩ 袋狀的底打開，變成像隧道一樣。

喔，就像竹輪一樣，可以看到另外一邊呢

給我看～
給我看～

⑪ 先形成口部的「無尾一門」誕生了！

「無尾一門」的子孫

螃蟹、蝦子、章魚、蜻蜓、扇貝、蜆、蚯蚓、蜘蛛……

⑫ 後來才形成口部的「有尾一門」誕生了！

在「有尾一門」，長出了一個突起。

是這裡吧

「有尾一門」的子孫

海參、海星、海鞘、魚、鳥、獸等有骨頭的動物們……

⑬

那就是尾巴吧

是吧

咻咻♪

噗噗

是同伴！
我想要去那邊～

食物～

矛尾魚長老
（腔棘魚）

「到目前為止，尾巴是在什麼時候、怎麼形成的，應該都知道了吧！其實尾巴的形成，是在遠古的海洋之中。」

一直都沒說話的矛尾魚長老（腔棘魚）默默開口說話了。

「在思考現在動物的形狀時，要想想從前是什麼樣子，再回溯到過去的形狀怎麼形成時。接著看從那以後，經過了多久的歲月、有了什麼樣的演進。最後再想想，為什麼會變成現在這個模樣的原因。那是連我們也還沒想過的事情。不過，從尾巴一族的祖先流傳下來的奧義畫卷，應該找得到線索才對。這個送你們。」

矛尾魚長老拿出一捲看起來很古老的畫卷當禮物送給他們。

30

足立同學
（人類）

「老師，我們回來了。長老給了我們這個。」

犬山老師
（狗）

「喔喔，讓我看看。」

打開畫卷後，犬山老師陷入了思考。在這幅畫中，只有魚、獸、鳥的剪影，和一些動物排成的三角形。

　　「假如能夠看懂這幅畫的意思，也許就能解開尾巴之謎了呢。」兩位同學邊想著長老說的話，邊緊盯著畫卷。三人各自思考著畫面上的意思。

「剪影的顏色是不是代表某種特別的意思啊？」

「為什麼畫中的動物跟附近的剪影是完全不同的形狀呢？」

「動物們為什麼都是看向旁邊啊？」

「比起方向，是不是動作方式更為重要呢？」

「啊！原來如此。魚是在水裡游泳，鳥是在天空飛，所以牠們身上是水的顏色和天空的顏色。」

袋入同學馬上就注意到了。聽到袋入這麼說，足立同學也發現，為什麼明明是魚，卻是在空中飛的飛魚；明明是獸類的蝙蝠，形狀卻跟鳥類剪影很像的理由。相反的，明明是鳥，卻放棄飛行而在陸地上奔跑的鴕鳥，翅膀很小、腳很大的原因。三個人也都理解了，為什麼明明是獸類，卻回到水中生活的海豚，牠們沒有了腳，卻多了尾鰭，最後成為魚的形狀。

「不論是哪種動物，都會依照生活場所而有不同的活動方式呢！」

「動物們是依照個別的活動方式，而演變成最適合的形狀呢。」

「那麼，尾巴又是如何呢？讓我們針對活動方式跟尾巴的關係想一想吧。」

　　魚ㄩˊ的ㄉㄜˊ尾ㄨㄟˇ巴ㄅㄚ是ㄕˋ為ㄨㄟˋ了ㄌㄜˊ游ㄧㄡˊ泳ㄩㄥˇ，在ㄗㄞˋ水ㄕㄨㄟˇ中ㄓㄨㄥ前ㄑㄧㄢˊ進ㄐㄧㄣˋ。而ㄦˊ青ㄑㄧㄥ蛙ㄨㄚ這ㄓㄜˋ種ㄓㄨㄥˇ能ㄋㄥˊ夠ㄍㄡˋ在ㄗㄞˋ水ㄕㄨㄟˇ中ㄓㄨㄥ及ㄐㄧˊ陸ㄌㄨˋ地ㄉㄧˋ上ㄕㄤˋ生ㄕㄥ活ㄏㄨㄛˊ的ㄉㄜˊ兩ㄌㄧㄤˇ生ㄕㄥ類ㄌㄟˋ，雖ㄙㄨㄟ然ㄖㄢˊ小ㄒㄧㄠˇ時ㄕˊ候ㄏㄡˋ是ㄕˋ在ㄗㄞˋ水ㄕㄨㄟˇ中ㄓㄨㄥ游ㄧㄡˊ泳ㄩㄥˇ而ㄦˊ有ㄧㄡˇ尾ㄨㄟˇ巴ㄅㄚ，但ㄉㄢˋ是ㄕˋ長ㄓㄤˇ大ㄉㄚˋ後ㄏㄡˋ到ㄉㄠˋ陸ㄌㄨˋ地ㄉㄧˋ上ㄕㄤˋ生ㄕㄥ活ㄏㄨㄛˊ，尾ㄨㄟˇ巴ㄅㄚ就ㄐㄧㄡˋ會ㄏㄨㄟˋ消ㄒㄧㄠ失ㄕ而ㄦˊ長ㄓㄤˇ出ㄔㄨ手ㄕㄡˇ腳ㄐㄧㄠˇ。對ㄉㄨㄟˋ尾ㄨㄟˇ巴ㄅㄚ來ㄌㄞˊ說ㄕㄨㄛ，在ㄗㄞˋ水ㄕㄨㄟˇ中ㄓㄨㄥ得ㄉㄟˇ忙ㄇㄤˊ著ㄓㄜ游ㄧㄡˊ泳ㄩㄥˇ，但ㄉㄢˋ到ㄉㄠˋ了ㄌㄜˊ陸ㄌㄨˋ地ㄉㄧˋ上ㄕㄤˋ開ㄎㄞ始ㄕˇ行ㄒㄧㄥˊ走ㄗㄡˇ後ㄏㄡˋ，讓ㄖㄤˋ身ㄕㄣ體ㄊㄧˇ移ㄧˊ動ㄉㄨㄥˋ成ㄔㄥˊ為ㄨㄟˊ四ㄙˋ隻ㄓ腳ㄐㄧㄠˇ的ㄉㄜˊ工ㄍㄨㄥ作ㄗㄨㄛˋ，尾ㄨㄟˇ巴ㄅㄚ反ㄈㄢˇ而ㄦˊ閒ㄒㄧㄢˊ置ㄓˋ下ㄒㄧㄚˋ來ㄌㄞˊ了ㄌㄜˊ。而ㄦˊ爬ㄆㄚˊ蟲ㄔㄨㄥˊ類ㄌㄟˋ中ㄓㄨㄥ的ㄉㄜˊ鱷ㄜˋ魚ㄩˊ有ㄧㄡˇ很ㄏㄣˇ粗ㄘㄨ的ㄉㄜˊ尾ㄨㄟˇ巴ㄅㄚ，除ㄔㄨˊ了ㄌㄜˊ幫ㄅㄤ助ㄓㄨˋ游ㄧㄡˊ泳ㄩㄥˇ，還ㄏㄞˊ能ㄋㄥˊ讓ㄖㄤˋ後ㄏㄡˋ腳ㄐㄧㄠˇ跟ㄍㄣ踢ㄊㄧ動ㄉㄨㄥˋ時ㄕˊ有ㄧㄡˇ支ㄓ撐ㄔㄥ。過ㄍㄨㄛˋ去ㄑㄩˋ以ㄧˇ兩ㄌㄧㄤˇ隻ㄓ腳ㄐㄧㄠˇ站ㄓㄢˋ立ㄌㄧˋ的ㄉㄜˊ恐ㄎㄨㄥˇ龍ㄌㄨㄥˊ，會ㄏㄨㄟˋ以ㄧˇ腰ㄧㄠ的ㄉㄜˊ關ㄍㄨㄢ節ㄐㄧㄝˊ為ㄨㄟˊ中ㄓㄨㄥ心ㄒㄧㄣ，像ㄒㄧㄤˋ蹺ㄑㄧㄠ蹺ㄑㄧㄠ板ㄅㄢˇ一ㄧˊ樣ㄧㄤˋ，讓ㄖㄤˋ頭ㄊㄡˊ、身ㄕㄣ體ㄊㄧˇ

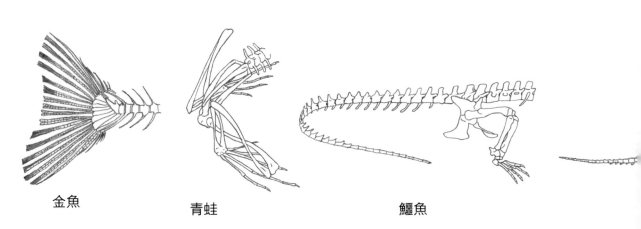

金魚　　　　　青蛙　　　　　鱷魚

與長長的尾巴保持平衡。然而到了哺乳類，腳長在軀幹兩側的下方，所以行動的工作也被臀部的肌肉取代，變得不需要尾巴。尾巴從「幫助身體行動」的工作中解放，變成配合體型大小、居住場所及活動方式，做其他各式各樣的工作。可是，也有些獸類的尾巴，變成完全沒有出場的機會。袋入同學跟足立同學，都是屬於這一類的動物。

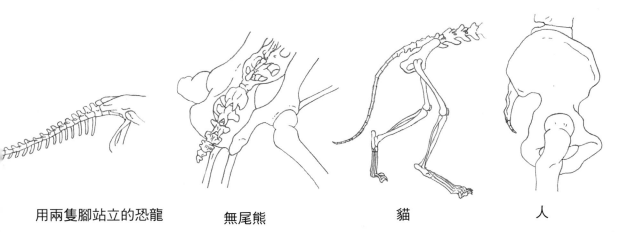

用兩隻腳站立的恐龍　　無尾熊　　　　　貓　　　　　　人

　　動物的身體具有這樣的性質——有工作的器官就變大，沒有工作的器官就變小或消失。所以尾巴消失的理由，是因為沒有找到新的工作。三個人了解後，都稍微鬆了一口氣。如此一來，不論是對教室裡的同學，或是對陸上鎮裡沒有尾巴的同伴，都能夠好好的解釋了。就這樣，「為什麼在有骨頭的動物中，會出現沒有尾巴的物種？」這個習題，總算完成了。

一起
動動腦！

犬山老師出的習題

為什麼無尾熊沒有尾巴？

雙門齒獸　　袋貂

無尾熊

袋熊　　袋鼠

袋入同學

無尾熊的祖先雙門齒獸，是跟犀牛差不多大的動物。雙門齒獸的化石上還留有尾巴，而有袋一族倖存的古老祖先——在樹上生活的袋貂，也有細長的尾巴。換句話說，有袋一族原本都是有尾巴的，但卻不知道為什麼，只有無尾熊沒有[註一]。在有袋一族之中，跟無尾熊親緣最近的袋熊，也同樣沒有尾巴[註一]，但是和袋熊一樣在地面上生活的袋鼠卻有尾巴。所以不能說無尾熊在樹上生活，所以才沒有尾巴。如果能發現殘留長尾巴的無尾熊化石，也許離解開謎團的日子就更近一些了。

犬山老師

為什麼人類沒有尾巴？

足立同學

人類是猿類的一種。人類之所以沒有尾巴，是因為繼承了猿類的共通祖先——苗猿的特徵所致。如果再往前回溯苗猿的祖先，是有尾巴的。所以人類之所以沒有尾巴，就跟苗猿尾巴消失的理由一樣。如果用周圍許多植物和動物的化石，來復原過去環境，並推測苗猿過著怎樣的生活，再從骨骼復原牠們的姿態及活動方式，應該就能知道人類為什麼會沒有尾巴了。

犬山老師

苗猿

大家都是
猿類

人

長臂猿

註一：無尾熊和袋熊正確來說還殘留極短的尾巴骨頭，只是被外表的毛蓋住了。

不思議日報

作者的話

奇妙的骨頭

文／犬塚則久

除了尾巴以外，動物及人類的身體，還有手、腳、眼睛、鼻子、皮膚、心臟等各式各樣的器官。為什麼某種器官會是這種形狀？會不會依據動物種類的不同而完全不一樣？從這些角度開始思考的話，是不是覺得很不可思議呢？事實上，像這樣的身體謎團，可以從四個面向來思考：

首先是關於形成方式的認知。即使是像大象那麼大的動物，最開始也只是一個圓圓的細胞而已。讓我們看看在媽媽的肚子裡面，寶寶究竟是怎麼形成的。其實，寶寶的身體是按照存在於所有細胞中、所謂「基因」的設計圖來形成的，所以大象寶寶的鼻子，就會跟媽媽或爸爸的鼻子一樣長。

那麼，製作身體的設計圖又是怎麼來的呢？由於那是由親代傳給子代，一代代傳承下來的，所以能夠回溯至非常遙遠的祖先。假如回溯到五千萬年前的話，別說是長鼻子了，就連大象這種動物都不存在；回溯二億年的話，就連哺乳動物都還沒出現呢！而這些資訊都是各種時代的骨骼化石告訴我們的。

大都是堅硬的牙齒或骨骼，才能變成化石。雖然不甚完整，不過光是跟現在的動物比較，也能夠知道那些化石曾經是什麼樣的動物。一般而言，化石中並不會留下古代動物皮膚或內臟的樣貌，但應該會有和現代動物相似的骨骼外型。也因為如此，皺鰓鯊及腔棘魚保持著比三億年還要更早之前的太古之姿，就被稱為「活化石」。托牠們的福，即使是已經滅絕的動物，也能夠從骨骼化石復原出身體的形狀，也能夠知道眼睛和心臟等是經過什麼樣的過程而變成現在的樣子。

最後，器官的大小和形狀，會跟它們在生活中擔任的任務有關。不論何種動物都是在某個場域中生活，以最適合那裡的方式活動，也以那裡找得到的東西為食。在與現在的各種動物比較之後，就能夠從某種器官的形狀，找出它所負責的工作。

由這樣的四個面向來看動物的身體，就能夠從以化石的方式殘留下來的動物形狀，思考它們為什麼會有這樣的演變。由於演變的方式是依循這樣的規則——一邊盡量留下舊的形狀，一邊漸漸改變。可以想見，我們的身體是來自各個時期不同的動物祖先，在演化中一邊獲得新東西，一邊捨棄不要的東西而組成。

作者簡介 犬塚則久

1948年生，動物形態學者，在京都大學的研究所研究動物的化石，也在東京大學教人體解剖學，現在則是古脊椎動物研究所的代表。身為理學博士，會拿哺乳類動物的骨骼及牙齒的化石外型，與現有動物比對，同時也思考它們的作用、應該是什麼樣的動物，然後再進行復原。給少年兒童看的共同著作有《我們的野尻湖人》（ぼくらの野尻湖人，講談社出版）、《已經滅絕的日本巨獸》（絕滅したの巨獸，築地書館出版），一般類的著作有《讀恐龍的骨骼》（恐竜の骨をよむ）、《「退化」的演化學》（退化の進化学）、《人類的外型5億年》（ヒトのかたち5億年）等。本書是他著作的第一本繪本。

文／張東君
（科普作家）

導讀
追根究柢的科學精神

我第一次看到《尾巴大調查》這本書的封面時，正好在跟一位日本的動物園副園長聊天，就順便給他瞧瞧，告知這是我接下來要翻譯的書。他只瞄了一眼就對我說：「無尾熊有尾巴喔！」而他第一次跟我說無尾熊有尾巴，是在我跟他說想買一個無尾熊造型的傳輸線保護套，可惜它有尾巴，只好改買馬來貘造型的傳輸線保護套。那時候他也是淡淡的說：「無尾熊有尾巴喔！大概兩公分長吧。」

當時我一邊暗恨自己不是獸醫也不是動物管理員，沒有機會直接接觸動物園的動物，才會不知道這個事實；一邊又忍不住自己好辯的本性：「那個傳輸線保護套上的無尾熊尾巴比例過長，所以我才沒買。」不過，該副園長在那時候就已經答應我說下次我去他們的動物園，可以帶我去看無尾熊的尾巴。

後來在一次的機會中，我受邀到他們動物園演講，而期間有些空檔，就抽空去看了無尾熊的尾巴。我先在標本櫃外面看了無尾熊的骨骼標本，再爬進標本櫃裡趴著拍無尾熊的尾巴（約兩公分，其實滿長的）。接下來，我們去看活生生的無尾熊本尊，並且利用我「演講外賓」的身分，摸了無尾熊那被長長的毛遮住、從外面看不到的尾巴。

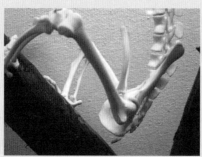

我們在小時候有時候被大人騙，現在偶爾騙小孩——在摔跤後要摸摸屁股，看看有沒有把尾巴摔斷。但事實上，人只有尾椎而沒有尾巴。在靈長類之中，有尾巴的是猴，沒有尾巴的是猿，所以知名繪本主角《好奇喬治》不會是猴子。而在兩生類之中，還直接分成有尾目和無尾目。有尾巴的，是山椒魚和蠑螈；沒有尾巴的，是青蛙和蟾蜍。不過不論靈長類或兩生類，猿與猴、青蛙和山椒魚，有沒有尾巴與牠們的棲息地、分布區域、生態與行為等好像都沒有什麼太大的不同。這也就是為什麼在這本繪本中，會用一整本書的篇幅來討論。因為這個乍看之下好像很簡單的問題，回答起來卻是如此的困難。

雖然這本書的主題是尾巴，重點卻又不是尾巴，而是在日常生活中找到好像很稀鬆平常，大家好像知道但其實不知道，卻又不好意思問的問題，然後認真的尋求答案、盡量解決問題。也許我們不能像書中的幾位同學那樣找到超級古老的前輩來幫我們解惑，可是一定能找到專家來提點方向。看完關於尾巴的來龍去脈，順便想想看還有哪些類似的事物是可以這樣追根究柢的，然後一個個解開自己的疑問，絕對會超級有趣喔！

繪者簡介　大島裕子

1973 年出生於神戶、在東京都練馬區長大。中央大學綜合政策學部國際政策文化學系畢業。聽到黏土動畫「蝸牛吉姆 Jam the House Nail」裡的蝸牛唱著主題曲「貓就該像貓、狗就該像狗，全身全心都要像自己」，而重新思考自己人生的方向，自 25 歲後走上繪畫之路。這次是她繪製的第一本繪本。